どうやってできたの？
日本の変な地形

監修 松本 穂高

かもがわ出版

どうやってできたの？
日本の変な地形

もくじ

はじめに		3
変な地形 1	北海道・野付半島	4
変な地形 2	宮城県・蔵王の御釜	8
変な地形 3	宮城県・鬼首間欠泉	12
変な地形 4	岩手県など・三陸海岸	16
変な地形 5	福島県など・尾瀬ヶ原	20
変な地形 6	富山県・称名滝	24
変な地形 7	群馬県・浅間山鬼押出し	28
変な地形 8	三重県・鬼ヶ城	32
コラム 岩の種類を知ろう		36
変な地形 9	兵庫県・玄武洞	38
変な地形 10	山口県・秋吉台・秋芳洞	42
変な地形 11	熊本県・阿蘇カルデラ	46
変な地形 12	宮崎県・鬼の洗濯岩	50
さくいん		54

はじめに

世界に誇る日本の自然を堪能しよう！

　日本の自然は特別です。世界一の美しさを持っていると言っても過言ではありません。その理由は、まず日本列島が4つの大きなプレート（地球の表面を覆う岩の板）の交わる場所にあることです。このプレートはつねに動きぶつかりあい、その作用で三陸海岸のようなリアス海岸ができたり、阿蘇のような火山ができたりと、日本ならではのダイナミックな地形が生まれました。

　そうした地形は、いっけん変だなと思えるような景観を作り出しています。昼夜休まず10分おきに熱湯を噴き上げる間欠泉や、落差300メートルを超える巨大な滝、さらに地下宮殿のような鍾乳洞など、美しくも荘厳な風景のかずかずが詰まっています。こうした多様な自然が、日本にはコンパクトに集まっているのです。

　本書では、そうした日本各地の自然のなかでも、とくに風変わりな12の地形に注目して紹介しています。「なぜこんな形になったのかな？」という素朴な疑問に答えながら、その地域の地理・歴史や自然の成り立ちについて、理解を深められるように工夫しました。

　人間は長い年月のなかで、自然とうまく付き合ってきました。川沿いの場所では洪水から家屋を守りながら水を得て生活し、山地では棚田を作って山くずれを防ぎながら食料を得て生活してきました。こうした人間と自然との関係や生活の知恵についても考えることで、あなた自身の生活環境についても思いをめぐらせるきっかけにしてもらえればと思います。

　さあ、日本の美しい地形を一緒に探検し、その魅力を感じてみましょう！　そして、あなたの身近にある自然の不思議を探してみましょう！

監修者　松本穂高

変な地形 1
北海道

海をだきこむ海上の砂の道

野付半島(のつけはんとう)

ここが変!

- 海の真ん中に砂の道ができている。
- この砂の道、長さが26キロにもなるんだって!
- 砂でできているのに、海に沈まないのかな?

北海道／野付半島

多種多様な生き物が暮らす砂の半島

　北海道の東の端に、海にうでをのばすようにせりだした砂の半島があります。鯨のあごに似た形から、アイヌ語でノッケウ（あご）と呼ばれ、そこから野付半島と名付けられました。

　その長さは約26キロ。日本最大の砂嘴です。砂嘴とは、沿岸流により運ばれた砂が、長年に渡って積もって作られた地形のことです。波の侵食によってできた複雑に入り組んだ海岸線は、さまざまな生き物を育んでいます。野付半島には約260種類の野鳥が確認され、200種以上の花が咲きます。

北海道標津郡標津町〜
野付郡別海町

野付半島には江戸時代の中頃まで、トドマツ・エゾマツなどの原生林がありました。しかし地盤沈下で海水が浸入し立ち枯れの森となり、いまは独特の景色を作っています。

オホーツク海から北風にのってやってくる流氷をみることもできます。

　野付半島は、砂でできています。もとになる砂は、沿岸流とよばれる、沖合を流れる海水の流れが運んできました。対岸の国後島とのあいだにある根室海峡で強まった沿岸流が、岸にぶつかって弱まって砂がたまり、それが細長くのびていったのです。

人工衛星から見た野付半島
（NASA 提供）

こうやってできた！

1 知床半島と国後島のあいだを南下する海水の流れ（沿岸流）が、北海道東岸にぶつかって、砂が積もります。

2 近くの川から海に大量に砂が入ってくると砂嘴がのびていきます。

3 そのくり返しで3000年かけて今のかたちに成長しました。

沿岸流が角度をつけて陸地にぶつかることで砂嘴ができるんだね。

キーワード▶ 潟湖
砂嘴が成長すると、湾を閉じて湖ができることがあります。これを潟湖（ラグーン）といい、北海道のサロマ湖や静岡県の浜名湖がそうです。

6　北海道／野付半島

ラムサール条約に登録された湿地

野付半島の内側の湾（野付湾）は水深が２～３メートルと浅く、入り組んだ地形が生き物には住みやすく、たくさんの生き物や植物が生息しています。渡り鳥も多く訪れ、いちばん多い時期には６万羽が集まります。タンチョウやオジロワシ・アカアシシギなどの貴重な鳥の繁殖地でもあります。暖かい季節にはゴマフアザラシがあらわれ、毎年60頭ほどが確認されています。

こうした豊かな生態系が評価され、ラムサール条約にも登録されています。

野付半島のオオワシ。カラフト北部などで繁殖し、冬に日本に南下してきます。ロシア極東と日本にしか生息しない絶滅危惧種です。

古代から自然の恵みを求めた人々

野付半島には約1000年前の竪穴式住居の跡がたくさん見つかっています。アイヌ人の砦跡（チャシ跡）もあり、豊かな自然の恵みをもとに、古くから人間が暮らしていたことがわかります。江戸時代には、北海道の海産物を求めてやってくる商人も増え、警備にあたる武士の駐在所も置かれ、町ができるほど野付半島が栄えていたという言い伝えが残っています。

現在、野付湾ではシマエビ漁が盛んです。水深が浅い湾内でエビのすみかであるアマモを傷つけないよう、打瀬船という帆船を使い漁をします。（別海町観光協会提供）

全国のいろいろな 砂嘴

砂嘴は鳥のくちばしに似ていることから「嘴」の字がつかわれます。有名な砂嘴に、世界遺産にもなっている静岡県の「三保の松原」があります。

調べてみよう▶ 砂嘴のもとになる砂は、どこからやってくるのかな？

変な地形 2 宮城県

まんまるなグリーンの湖

蔵王の御釜

ここが変！

- きれいなエメラルドグリーンの湖。なんでこんな色なの？
- それに、形がまんまるだよ。まわりに植物も生えてないね。
- なんでこんな形になったんだろう？　湖の色も関係しているのかな？

宮城県／蔵王の御釜

山のうえにある、釜のような湖

宮城県と山形県をまたぐ蔵王連峰（蔵王火山）に、エメラルドグリーンの水をたたえる「御釜」という湖があります。湖の直径は325メートル、最深部は27メートルあります。この湖は火山の火口に水がたまってできた火口湖です。火山物質がとけだしているため、水が緑色に見えると考えられています。火山活動によって白、赤、黒など湖面の色が変化するため「五色湖」ともよばれ、冬に見られる樹氷とともに蔵王の象徴になっています。

宮城県刈田郡蔵王町

スノーモンスターともよばれる「蔵王の樹氷」。季節風に運ばれた氷点下の水滴がトドマツにぶつかって凍ることでできます。

陽のあたり方などでコバルトブルーにも見える湖面の色。

蔵王連峰は120万年前から火山活動をくり返し、現在のかたちになりました。御釜の断面にあるシマシマ模様は、かつての噴火で溶岩や火山灰が積もってできたものです。人間によって初めて噴火が記録されたのは13世紀で、そのあとも現在にいたるまで火山活動が続いています。

雪化粧の蔵王連峰

こうやってできた！

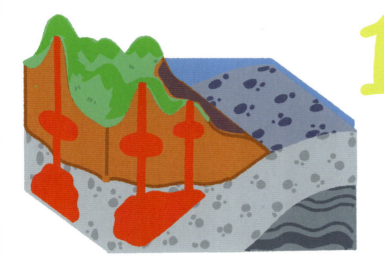

1 プレートの沈み込みでマグマが生まれ、火山フロントに沿って火山ができます。

2 くり返す噴火で火山が成長するとともに、火口ができます。

3 火口に雨水がたまり、火口湖ができます。

噴火でできた穴に水がたまって火口湖ができたんだね。

キーワード▶ 火山フロント
海洋プレートが一定の深さまで沈み込むとマグマが生まれ、マグマが地表に噴出して火山をつくります。この火山の列が火山フロントです。

宮城県／蔵王の御釜

極楽浄土に近づく？！蔵王の御山詣り

江戸時代から昭和初期、「蔵王の御山詣り」が庶民のあいだで流行しました。山頂の蔵王大権現社（現在の蔵王大権現社）に参拝すれば「生まれ変わりを果たす」ことができると信仰されました。仏教では何度も生まれ変わったのち、極楽浄土に行けると信じられていたため、御山詣りをするほど、極楽浄土に近づくというわけです。神秘的な御釜のほか、溶岩が冷え固まってできた山肌や噴出物による石原が「賽の磧」のようで、「生まれ変わり」の演出に一役かっています。

蔵王の刈田岳山頂にある刈田嶺神社。現在は山頂近くまで道路が通っているため、登山しなくても車で行くことができます。

噴火を止めた？ 伊達宗高の言い伝え

宗高が祈りを捧げた場所に碑が建っています。

1623年、蔵王火山は大きな噴火を起こしました（寛永の大噴火）。噴火で吹き出した石や灰が降りつもり、田畑は大きな被害をうけました。1年たっても噴火がおさまらず、仙台藩主・伊達政宗の息子、伊達宗高が噴煙のなかを山頂まで登り、祈祷したところ、噴火がおさまったと言い伝えられています。

全国のいろいろな 火口湖

火山の噴火口に水がたまってできる「火口湖」。長野県・御嶽山の「二の池」は、日本で最も高い場所にある湖です。

群馬県草津白根山の「湯釜」は直径300メートルの火口湖。火山活動によって湖の底から火山ガスがでています。

鹿児島県・霧島火山群の大浪池は約4万年前の噴火でできた火口湖です。

調べてみよう▶ 火口湖とカルデラ湖はどうちがうのかな？

変な地形 3 宮城県

吹き出す熱湯！山のなかの噴水

鬼首間欠泉

ここが変！

- 地面から突然、噴水が吹き上がったよ！
- 湯気がでているね、熱湯なのかな。
- 10分ごとに吹き上がっているよ。なんでこんなことが？

宮城県／鬼首間欠泉

火山がつくった天然の噴水

宮城県大崎市の山中には、熱湯がいきなり15メートルも吹き上がる泉があります。鬼首間欠泉です。この一帯は、火山活動とともに地面が陥没してできた直径15キロにもおよぶ「カルデラ」（47ページ）です。この鬼首カルデラを囲む山のすぐ外側には鳴子温泉があり、日本最高の酸性度を持つ潟沼など、14以上の火山でえぐられた地形があります（爆裂火口）。火山活動が活発な地域で、火山にかかわるさまざまな地形が見られます。そんなカルデラの中に、鬼首間欠泉があります。

宮城県大崎市

湖底や湖岸のあちこちに火山ガスを噴出する噴気孔がある潟沼。

伝統工芸品としてこけしが有名な鳴子温泉。こけしのオブジェが出迎えてくれます。

熱湯が吹き上がるのは、地下水が地熱によって沸騰するためです。水は、圧力が高いところでは、蒸発する温度（沸点）が高くなります。地下は圧力が高いため、お湯が沸点をこえて高温になります（過熱水）。上の冷たい水が押し出され圧力が弱まると、過熱水がいっきに突沸し、熱水が吹き上げられて噴水のようになります。

こうやってできた！

1 地熱で熱水ができます。水圧がかかっているため、熱水の沸点は100度以上の過熱水です。

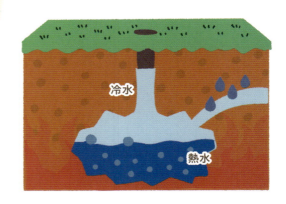

2 熱水の中の気泡が上にあがっていき、冷水を押し出すと、水圧が下がります。

3 すると、過熱水の沸点が低下し、いっきに突沸して熱水が吹き出します。

地中が圧力鍋みたいになっているんだね。

キーワード▶ 過熱水
過熱水とは、沸点（100℃）を超えても沸騰していない状態の水です。少しの振動などの刺激で、突然爆発するように沸騰します。

宮城県／鬼首間欠泉

地下の熱を利用した地熱発電

地下の熱源は、温泉や地熱発電に利用されています。鳴子温泉は1000年以上続く温泉地として有名です。鬼首地熱発電所は1975年につくられ、仙台などの都市部に安定した電力を供給しています。日本の地熱発電所は大小合わせ40カ所ほどですが、そのほとんどは東北地方と九州に集中しています。

地元名産の鳴子こけしをあしらったタービン発電機。

地熱発電のしくみ

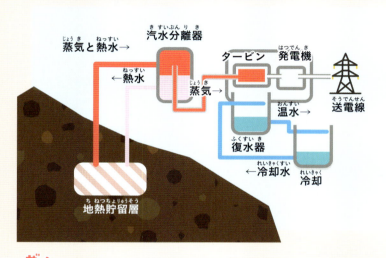

地熱発電では、地下の熱源によって熱せられた蒸気を利用してタービンを回し、発電をおこないます。まず、熱水と蒸気を地中から取り出し、熱水は地中にもどし、蒸気だけを分離してタービンを回します。地下の熱源の寿命は何万年もあるため、安定して持続的に発電をおこなうことができます。

全国のいろいろな 間欠泉

火山大国である日本では、各地に間欠泉が見られます。世界の有名な間欠泉にはアメリカ・イエローストーン公園の間欠泉があり、高さ90メートルまで吹き上がります。

大分県別府温泉の「龍巻地獄」は30メートルまで吹き出す威力があります。市の天然記念物に指定されています。

長野県諏訪湖の間欠泉は、かつて高さ50メートルまで吹き上がり世界第2位と謳われましたが、現在は勢いが衰えています。

調べてみよう▶　吹き上がる水は、どこからきたのかな？

変な地形 4 岩手県など
断崖絶壁と奇岩の連続！

三陸海岸

ここが変！

- すごい断崖！高さは200メートルもあるんだって！
- いたるところに洞窟ができている。秘密基地みたいだよ。
- なぜこんな断崖になっちゃったのかな？

岩手県／三陸海岸

多彩な表情をみせる海岸

三陸海岸は青森県から宮城県にかけて600キロ続く、太平洋沿いの海岸線です。左の写真は、岩手県・田野畑村にある北山崎。「海のアルプス」とよばれる絶壁は高さ200メートルにもおよびます。ほかにも屏風のように断崖が続く「鵜ノ巣断崖」や碁石のような玉砂利が敷き詰められた「碁石海岸」など、三陸海岸には不思議な地形がたくさんみられます。

また、岬と入り江がくり返す南部のリアス海岸では、静かな入り江が港や養殖に都合よいため、漁場として人々の暮らしに役立っています。

青森県〜宮城県

岩手県・鵜ノ巣断崖。屏風のように断崖が5つ並んでいます。

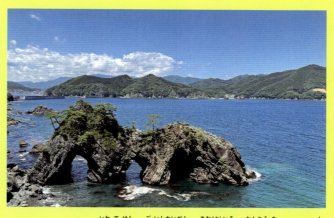

岩手県・碁石海岸の穴通磯。観光地として知られています。

海から急勾配にせりたち、その上は平坦になっている地形を、海岸段丘といいます。海岸段丘とは、もともと平坦な海底だった場所が、隆起や海面の低下で陸地になった地形です。地球は寒冷期（氷河期）と温暖期（間氷期）をくり返しますが、それにともなって海面の高さがかわり、海底だった場所が陸地になることがあるのです。

海岸段丘として有名な高知県・室戸岬。岬ぜんたいが台地になっています。

こうやってできた！

1
浅い海の底が、波によって平坦になります（波食棚）。

温暖期

浅い海底に波食棚ができる

地盤が隆起する

寒冷期

海面が下がる

2
寒冷期（氷河期）になり、海面が下がります。また、太平洋プレートの移動で地盤が隆起し、海底だった場所が陸地になります。

温暖期

海面が上がる

古い波食棚

地盤が隆起する

あたらしい波食棚

3
隆起した地盤とあらたな波食棚とのあいだに、崖ができます（海食崖）。

これがくり返されると、海に崖ができるのか！

キーワード▶ 海食崖

乾湿のくり返しによって風化したり、波の力で侵食されたりして、崖になった海岸地形のこと。

岩手県／三陸海岸

世界有数の豊かな漁場

三陸海岸は、北からの栄養豊富な寒流と、南からの暖流がぶつかり、世界有数の漁場となっています。南部のリアス海岸は入りくんだ湾が天然の良港です。リアス海岸は、川によってけずられてできた谷が、海面上昇で海に沈んでできました。陸地になっている場所は昔は山、入り江になっている場所は谷だったのです。湾は波が穏やかなため、コンブ、ワカメ、ホタテ、カキなどが養殖されています。

岩手県・山田湾。カキ養殖のためのイカダがたくさん浮かんでいます。

1896年に起こった明治三陸地震のようす。津波で流された家の屋根。

三陸と津波の歴史

2011年3月11日、三陸沖を震源にマグニチュード9.0の巨大地震が発生しました。東日本大震災です。三陸沖は、陸側の岩盤（北米プレート）と海側の岩盤（太平洋プレート）の重なり合う部分で、これがずれることで地震が起こります。最も古い津波の記録は、平安時代の『日本三代実録』で、869年7月、立つこともできないほどの揺れのあと、津波により1000人が溺れ、なにも残らなかったとあります。

全国のいろいろな リアス海岸

リアス海岸といえば、三重県・伊勢志摩の英虞湾が有名です。湾内には大小60の島が浮かび、真珠養殖発祥の地としても知られています。

調べてみよう▶ 川がつくる「河岸段丘」について調べてみよう。

変な地形 5 ふくしまけん 福島県 など

東京ドーム180個分！高原にひろがる湿原

尾瀬ヶ原

ここが変！

- 草原みたいだけど、あちこちに沼があるね。
- ここは地面に水分が多く含まれた湿地帯だね。
- ものすごく広い場所みたい。なぜこんな湿原ができたのかな？

福島県／尾瀬ヶ原

本州最大の湿原・尾瀬ヶ原

尾瀬ヶ原は、福島県、群馬県、新潟県、栃木県の4県にまたがり広がる湿原です。湿原とは、水分を多くふくんだ草原地帯のこと。尾瀬ヶ原は標高1400メートルにあり、南北2キロ、東西6キロ、約850ヘクタールの広さをもち、湿原としては本州最大です。周囲を山々に守られるように囲まれていることから、尾瀬特有の植物が多く、1000種を超える植物の内、400種は日本の固有種、尾瀬ヶ原産の植物は30種以上あります。そうした珍しい植物が、訪れる人の目を楽しませてくれます。また、ラムサール条約にも登録されています。

福島県／群馬県／新潟県
栃木県

湿原の中に木道が整備され、年間約2万人のハイキング客が訪れます。

さまざまな水生植物が見られ、なかには氷河期から残る珍しいものもみられます。写真はミズバショウ。

高地で気温が低いうえ、日本海側からの湿った空気の影響で豪雪地帯でもある尾瀬では、1年の半分が雪に覆われています。そのため、枯れた植物がなかなか腐りません。枯れた植物が8000年かけて5メートルも積み重なったのが、尾瀬ヶ原です。

湿原には池塘と呼ばれる池がたくさんあります。

こうやってできた！

1 氷河期が終わり、寒い地域の植物は高地など気温が低い場所に残りました。同時に、日本海の温度があがり湿った風が尾瀬ヶ原に大量の雪をもたらすようになりました。

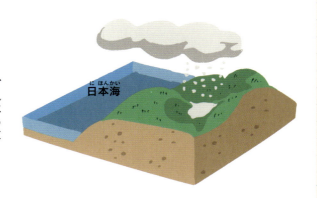

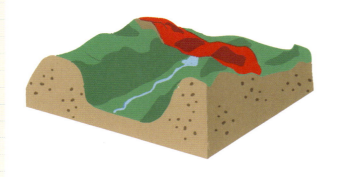

2 燧ヶ岳の噴火によって川の流れがせき止められ、水がたまりやすい土地ができました。寒さで微生物の働きが弱く、枯れた植物がなかなか腐りません。

3 枯れた植物が土に還らないままたまった泥炭が、5メートルほどの高さまで積み上がりました。

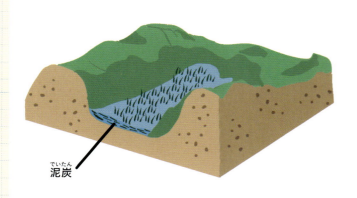

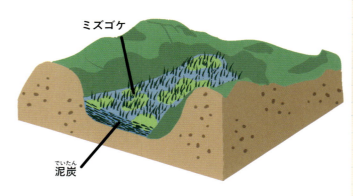

こうした雪解け水や雨水だけで維持される湿地を、「高層湿原」といいます。

> いろいろな条件が重なってできた湿地なんだね。

キーワード▶ 泥炭
枯れた植物が長い間、あまり分解が進まずに堆積してできた地層。ふかふかで水分を多く含み、乾かすと燃えます。

福島県／尾瀬ヶ原

日本の自然保護運動の草分けの地

尾瀬の自然環境は偶然が重なってできた珍しいものです。この貴重な環境を残そうと市民による保護活動が盛んです。これまで、巨大ダム建設や観光道路の建設が尾瀬では計画されましたが、人々の反対運動で守られてきました。こうした活動のなかで「日本自然保護協会」の前身団体ができるなど、市民による手作りの自然保護運動が生まれました。また、ゴミ箱を撤去してゴミの持ち帰りを促すなど、観光と保全の両立にむけた取り組みもおこなわれてきました。

外来植物オオハンゴンソウの駆除作業をおこなうボランティアの人たち。

めずらしい植物の宝庫

尾瀬の植物は氷河期から残る珍しいものが見られます。代表的なものがミズバショウ（21ページ）や、黄色い花を咲かせるリュウキンカです。また、花を発熱させて臭いを拡散するザゼンソウや食虫植物のモウセンゴケなどが自生します。

食虫植物のモウセンゴケ。粘着性のある葉で、トンボなどの虫を捕まえます。

全国のいろいろな 湿原

水鳥の生息地として重要な「ラムサール条約」登録湿地は、日本に53カ所あります。

北海道の雨竜沼湿原。尾瀬と同じ、高層湿原です。

長野県・霧ヶ峰高原にある「池のくるみ踊場湿原」。

調べてみよう▶ 身近にある「ラムサール条約」登録湿地を調べてみよう。

変な地形 6 富山県

東京タワーより高い滝！ 称名滝

ここが変！

ものすごく大きな滝！ 断崖絶壁の山の上から流れ落ちているね。

すごい量の水だよ。なぜ山の上にこんなにたくさん水があるのかな？

こんな大きな滝がどうやってできたんだろう？

富山県／称名滝

北アルプスの雪解け水が作り出した滝

大きな瀑音をとどろかせる巨大な滝は、日本最大の称名滝です。滝の落差は350メートル、はばは10〜15メートル。東京タワーよりも高いところから落ちてくる滝です。1秒間に流れ落ちる水の量は2・76トンと言われています。

この巨大な滝の源流は、日本の屋根と言われる北アルプスの一角、立山（標高3015メートル）を流れる称名川です。川の両岸は悪城の壁とよばれる深さ200メートルの切り立ったV字の崖になっています。川により侵食されてできたこのような地形を「V字谷」と呼びます。

富山県中新川郡立山町

滝の下流にある称名川を囲む「悪城の壁」。川や雪が長い月日をかけて山をけずり、できた地形です。

右隣にあるハンノキ滝は500メートルの落差がありますが、雪解け水がある春から初夏にかけてしか見られないため、日本一に認定されていません。

称名滝やその周辺のダイナミックな地形は、川の侵食によって生まれました。豪雪地帯の立山では、大量の雪解け水が山をけずるのです。しかし、かたい地層にぶつかると侵食が止まり、そこに断崖絶壁ができます。川はそこから滝になります。このかたい地層は溶結凝灰岩という、かつての激しい火山噴火でつくられた地層です。

溶結凝灰岩。激しい噴火で、火山から噴出した灰や石が混ざり固まってできる岩です。

こうやってできた！

1 立山の雪解け水が称名川を流れます。流れる水は河岸をけずりながら深さをまし、V字谷を作ります。

2 川は流れながら山の斜面をけずり、かたい岩盤があらわれたところで滝ができます。

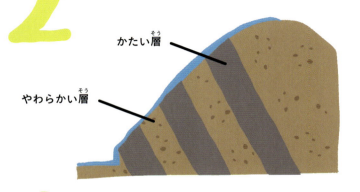
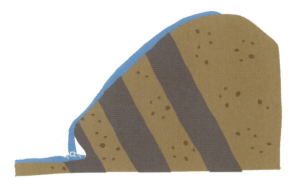

かたい層
やわらかい層

3 滝は侵食しながら上流へと移動し、大きな滝に成長します。

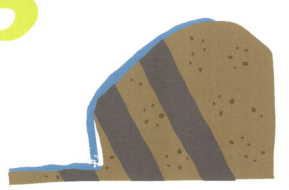
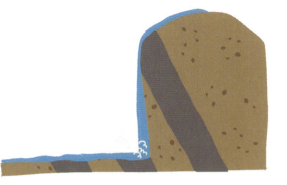

山をあんなにけずり取るなんて、水の力ってすごいんだね

キーワード▶ V字谷
川の流れで山がけずられ、長い年月をかけてつくられた深い谷。アルファベットのVの形になっています。

富山県／称名滝

立山に地獄があると信じられていた

　立山は古くから人々の信仰の対象でした。平安時代に書かれた「今昔物語」には立山に地獄があるとされ、細かくその様子が描かれています。修行僧が称名滝のあたりで、地獄におちた少女の幽霊に出会う物語も収められており、そこでは称名滝を「白い布を張っているような」滝だと描写されています。少女は僧侶に、残された両親への伝言を託し、再び地獄へ戻っていくのでした。

立山の室堂平には、火山の噴煙が立ち上る「地獄谷」があり、昔から現実の地獄として畏れられていました。

立山黒部アルペンルートといえば、「雪の大谷」。高さ20メートルを超えることもある雪の壁は、世界有数の豪雪地帯である立山ならではの景色です。

今も昔も、山岳観光の大御所

　立山の雄大な風景は、江戸時代から景勝地として多くの観光客を魅了してきました。現在は「立山黒部アルペンルート」という山岳観光道路が整備されています。長野県と富山県を結ぶ約37キロで、巨大な「黒部ダム」や標高2400メートルの火山湖「みくりが池」などを雄大な北アルプスの風景とともに楽しむことができます。

全国のいろいろな 滝

　水の力が作り出す幻想的な滝。その成り立ちはさまざまで、形も千差万別です。

群馬県沼田市の「吹割の滝」は、地面の裂け目に流れ込んでいるよう。

長野県軽井沢町の「白糸の滝」。湾曲した壁から地下水が流れ落ちる滝が神秘的です。

調べてみよう ▶ 日本三名瀑といわれる滝はなにか、調べてみよう。

変な地形 7 群馬県

浅間山鬼押出し

巨岩がごろごろと山をおおう！

ここが変！

- 大きな岩があちこち転がってる！
- まわりはひらけていて、山もないのに…。
- いったいどこから、どんなふうに運ばれてきたんだろう？

群馬県／浅間山鬼押出し

鬼が暴れて岩を押し出した？！

群馬県嬬恋村・浅間山の麓に、巨岩がごろごろと転がっている一帯があります。岩は黒く表面はざらざらしています。鬼が暴れて岩を押し出したように見えるため、「鬼押出し」とよばれています。

標高2568メートルの浅間山は、現在も活動する活火山です。1940～50年代にも大爆発があり、現在も火山ガスが火口から出ています。「鬼押出し」の岩石の正体も、1783年の大噴火によって流れ出た溶岩です。

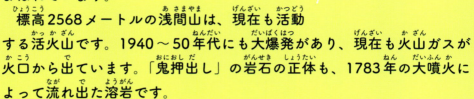
群馬県吾妻郡嬬恋村

噴火の爪あとはほかにも。固まった溶岩にあいた穴は、木があった場所です（溶岩樹型）。

「鬼押出し」の岩は、溶岩が急速に冷えてかたまってできています。

1783年におこった大規模な噴火は、「天明の大噴火」として記録に残っています。このとき発生した土石なだれにより嬬恋村（旧鎌原村）では152戸が飲み込まれ、483人が亡くなりました。群馬県全体で1400人を超す犠牲者を出しました。

当時の噴火のようすを記録した「夜分大焼之図」（長野県小諸市美斉津洋夫氏所蔵）

こうやってできた！

1 浅間山が噴火し、火口から大量に粘り気の強い溶岩が流れ出ます。

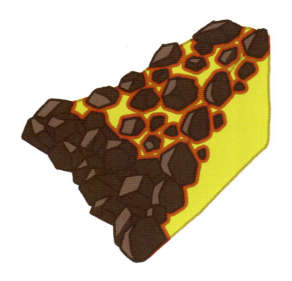

2 溶岩はゆっくりと流れながら、しだいに表面から冷え固まっていきます。

3 固まった溶岩が、まだ固まらない内側の溶岩に押され、崩れます。これをくり返しながらすすみ、大量の岩ができます。

こうしてできる岩のことを、塊状溶岩とよびます。

> ドロドロの溶岩がゆっくり進むことで岩ができたんだね。

キーワード▶ 安山岩

鬼押出しの岩は安山岩です。ケイ酸という物質を中程度ふくむ岩で、アンデス山脈の岩と同じことから、この名前がつけられました。

群馬県／浅間鬼押出し

日ごろから噴火に備える！

浅間山の噴火は、現在までたびたび起こっています。周辺の長野県軽井沢町や群馬県嬬恋村では、噴火を想定したハザードマップを作成したり、避難計画を立てたりして、日ごろから浅間山の噴火に備えています。

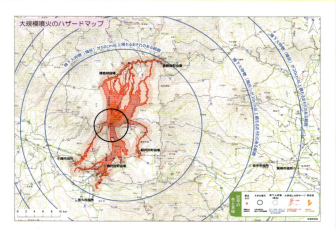

嬬恋村のハザードマップ。青い円は火山灰のふる範囲で、赤い部分は火砕流が通ると予想される場所です。

嬬恋村のキャベツ畑。

キャベツ生産日本一のひみつ

嬬恋村は日本一のキャベツ産地として知られています。標高700～1400メートルの高原地帯で気候がすずしく、火山灰でできた水はけのよい土壌がキャベツの生育に向いているためです。火山が農業に一役かっています。

全国のいろいろな 溶岩流

火山の噴火で、地下のマグマが地表に流れ出ることや、そのあとにできる地形を溶岩流といいます。ほかにどんな溶岩流があるでしょうか？

岩手山の焼走り溶岩流。細かい石が一面に広がります。

伊豆大島の溶岩原。1950年の噴火でできました。

調べてみよう▶ ほかにどんな溶岩がつくった地形があるかな？

変な地形 8 三重県

伊勢路をふさぐ奇怪な巨石

鬼ヶ城

ここが変！

- ここは熊野と伊勢を結ぶ古道の難所だよ。
- とがった岩の天井が、不気味な雰囲気だね。
- 蜂の巣みたいに穴がたくさんあいているところもあるよ！

海岸線にせまる一枚岩

三重県の鬼ヶ城は、紀伊半島の東岸に約1キロにわたってつづく大きな岩壁です。大小無数の洞窟や奇岩がみられます。この奇抜な形の岩壁は、地震によって海底から盛り上がった地層が、波の侵食でけずられて作り出されました。

鬼が住んでいたという伝説があり、古くから「鬼の岩戸」とよばれていましたが、1521年に有馬和泉守忠親がこの山頂に城をつくったことから、「鬼ヶ城」とよばれるようになりました。

三重県熊野市

1キロにわたり遊歩道が整備され、岩がつくる不思議な景色が楽しめます。

見上げると、天井には無数の穴が空いています。風化によってできた「タフォニ」と呼ばれる穴です。

鬼ヶ城の岩は、凝灰岩という侵食をうけやすい岩でできています。凝灰岩は、火山灰が水中などに積もり固まってできた岩です。もともとは海の底にあった地層が、地面の動きで陸にあがって、鬼ヶ城の巨大岩となりました。

凝灰岩の表面。火山灰の種類や、堆積する環境などで、凝灰岩にもいろいろな種類があります。

こうやってできた！

1 噴火で火山灰が海中に堆積します。

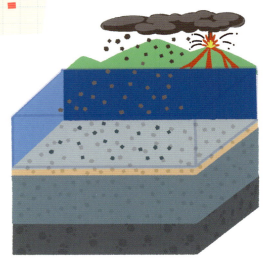

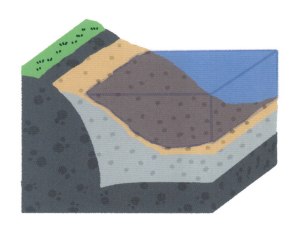

2 長い年月をかけて、堆積した火山灰が凝灰岩になります。

3 地盤の隆起にともなって凝灰岩が海岸にあらわれ、波の侵食をうけてさまざまな形にけずられます。

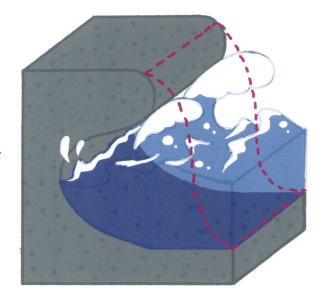

凝灰岩の侵食されやすい性質が鍵なんだね。

キーワード ▶ タフォニ
海水の塩分により部分的に岩石がもろくなり、岩石に蜂の巣のように空いた穴をタフォニといいます。

三重県／鬼ヶ城

平安時代の海賊退治の舞台

平安時代、坂上田村麻呂が鬼ヶ城の海を荒らしていた海賊・多娥丸をたおす伝説が残っています。当時、海賊など大和政権にはむかう勢力は鬼と扱われていました。

坂上田村麻呂は多娥丸の根城である鬼ヶ城に攻め入ろうとしますが、うまくいきません。その時、「魔見ヶ島」という島に童子があらわれ、歌い踊りはじめます。軍勢もつられて踊ると、鬼ヶ城の硬い岩戸の奥にいた多娥丸が、外の様子をうかがおうと顔を出しました。その瞬間、坂上田村麻呂が矢を放ち、多娥丸に命中したと言い伝えられています。

左奥が、鬼ヶ城からのぞむ魔見ヶ島。

熊野三山に通じる参詣道

紀伊半島の深い森林は、古代から信仰の対象にされ、「熊野三山」「高野山」「吉野・大峯」の3つの霊場とそこにいたる「参詣道」がうまれました。鬼ヶ城もその参詣道のひとつ「伊勢路」の通過点です。

2004年に、ユネスコの世界遺産「紀伊山地の霊場と参詣道」の一部として登録されています。

全国のいろいろな 凝灰岩と侵食

凝灰岩はやわらかくけずられやすい性質があり、全国にいろいろな景観を作っています。

福島県郡山市の「きのこ岩」。約400万年前の凝灰岩が侵食をうけてできました。上と下で地層の性質がちがい、このようなかたちになりました。

青森県佐井村の仏ヶ浦。高さ20～30メートルの柱状の岩は、凝灰岩がけずられてできました。

調べてみよう▶凝灰岩にはいろいろな種類があります。どんなものがあるかな？

岩の種類を知ろう

玄武岩、安山岩、凝灰岩……この本にはいろいろな岩の種類がでてきます。このページでは、岩の種類について学んでみましょう。

火成岩
マグマが冷え固まってできた岩石。

火山岩
マグマが地表ちかくで急に冷え固まった岩石。結晶の粒が小さい。

- ❶ 流紋岩
- ❷ 安山岩
- ❸ 玄武岩

白っぽい ↕ 黒っぽい

深成岩
マグマが地下でゆっくり冷え固まった岩石。結晶の粒が大きい。

- ❹ 花崗岩
- ❺ 閃緑岩
- ❻ 斑れい岩

白っぽい ↕ 黒っぽい

堆積岩
火成岩が風化し、雨などで海に運ばれ、海底に積もって固まった岩石。

- ❼ 砂岩
- ❽ 泥岩
- ❾ 凝灰岩
- ❿ 石灰岩
- ⓫ チャート

変成岩
火成岩や堆積岩が、マグマの熱や地下の圧力をうけて変化した岩石。

- ⓬ 片麻岩
- ⓭ 結晶質石灰岩（大理石）

変な地形 9 兵庫県

多角形の石の柱が無数につらなる 玄武洞(げんぶどう)

ここが変！

- 山一面が、カクカクの長細い石でできている！
- なぜ、同じかたちの石がこんなにたくさんあるの？
- 人がつくったみたいに規則正しいかたちでびっくり！

兵庫県／玄武洞

柱状の石が折り重なる不思議

兵庫県にある玄武洞公園では、六角形の石の柱が無数にたて・よこ・ななめに積み重なっています。160万年前の火山活動で流れでた溶岩が冷えて固まり、このような形の石（玄武岩）ができました。玄武岩はきれいに割れやすく、加工しやすいため、江戸時代から石材として利用されています。玄武洞の洞窟は、こうした採掘のためにできたものです。

兵庫県豊岡市

まるで人が彫刻したようにみえる玄武洞の壁。

タイルを貼ったように六角形の石がすきまなく並んでいます。

なぜこのような形になったのでしょう。溶岩は冷えて固まると体積が減ります。そのときに石に割れ目が規則正しくできたため、玄武洞はカクカクの柱のような形になります。こうした割れ方をした石を「柱状節理」といいます。溶岩の密度が均等なほど、規則正しい柱状節理ができます。

条件がそろえば、氷が溶けるときにも柱状になる「キャンドルアイス」という現象がみられます。

こうやってできた！

1 火山の噴火によって溶岩が流れ出ます。

2 溶岩が冷えて縮むときに、冷えた面と直交する方向にヒビがはいり、六角柱の岩ができます

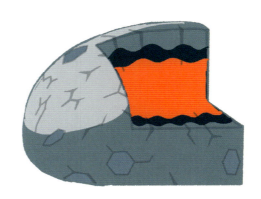

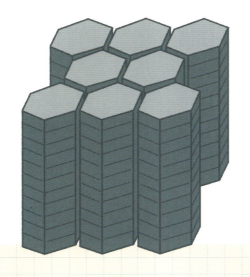

3 ヒビが入ったところから冷やされて、地表面と平行にヒビがはいり、六角形のブロックができます。

柱状になっているのには、理由があったんだね。

キーワード▶ 玄武岩
溶岩の成分に、石英や長石など無色の鉱物が少なく、輝石やかんらん石などの有色鉱物が多いと黒っぽい石になり、これを玄武洞にちなんで玄武岩といいます。

兵庫県／玄武洞

玄武岩が町作りに一役貢献

玄武岩は重くてじょうぶな石でありながら、ブロック状で切り出しやすく、昔から石材として利用されてきました。六角形の石材は隙間なく敷き詰めやすく、利用しやすいのです。現在でも、城崎の町中で玄武岩を用いて造られた石垣や石畳を見ることができます。

玄武洞にちかい城崎温泉は、大溪川の両岸に栄えています。川沿いの岸の整備に玄武洞の石が使われています。

玄武洞から世界的大発見！

玄武岩は「磁鉄鉱」という磁気を持つ珍しい岩石でもあります。溶岩が固まるときに、その時代の地球の磁場が石に記録されます。

1926年、松山基範博士が玄武洞の玄武岩が現在と南北逆向きの磁性を持つことを発見しました。そこから、地球にはかつて磁場が反対だった時代があったことがわかりました。

右の人物が松山博士。京都帝国大学（現在の京都大学）で物理学を学び、世界で初めて地球の地場が反転していたという説を唱えました。

全国のいろいろな 柱状節理

佐賀県唐津市の「七ツ釜」は波の侵食をうけた玄武岩が見られます。

宮城県白石市の材木岩は、高さ65メートルの玄武岩がそびえます。

調べてみよう▶火山からできた岩は、玄武岩のほかになにがあるかな？

変な地形 10 山口県

岩のたけのこがにょきにょき！

秋吉台・秋芳洞

ここが変！

- 白い岩が、たけのこみたいに地面から顔を出しているね。
- まわりに山が見えないってことは、高い場所にあるのかな？
- 地下には洞窟もあるんだって。どう関係しているのかな？

山口県／秋吉台・秋芳洞

石灰岩が並び立つ不思議な丘

山口県美祢市には、南北16キロメートル、東西6キロメートルにわたって、石灰岩という白い岩でできた台地が広がります。これはカルスト台地とよばれ、日本最大の広さです。
石灰岩はカルシウム分を多くふくみ、雨水に溶けやすい性質があるため、長い年月をかけて岩が溶け、独特の地形を生み出します。
また、地下にしみた水によって洞窟ができ、したたる石灰がツララのように固まる鍾乳石などができる「鍾乳洞」をみることもできます。

山口県美祢市

台地のあちこちに窪地が。石灰岩が雨水にとけてできる秋吉台の特徴的な景色。

秋吉台の地下に広がる鍾乳洞。秋芳洞とよばれ、奥行きは11キロメートル以上も。

石灰岩は、サンゴや貝殻などが長い年月をかけて積み重なり、かたまったものです。つまり昔は海だった場所が、プレートの移動による海底のもり上がりで陸地になっています。

白く、二酸化炭素をふくむ水に溶けやすい特徴がある石灰岩。

こうやってできた！

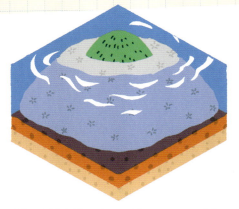

1 約3億年前、太平洋にあった島のまわりにサンゴが生育します。サンゴ礁の海には、貝のような殻をもつフズリナも大繁殖します。

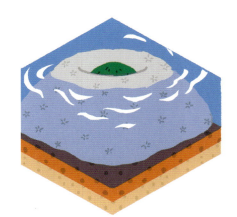

2 島はやがて沈み、サンゴやフズリナの死がいが積もって石灰岩になりました。

3 石灰岩がプレートの移動にともなって現在の場所まではこばれ、台地を作ります。

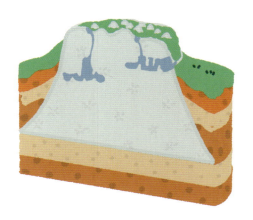

4 石灰岩の台地は雨で溶け（溶食）、鍾乳洞や、溶け残った岩の塔が立ちならぶカルスト地形を作りました。

> 海の底にあったサンゴ礁が標高400メートルのところに移動するなんて、地球のちからはすごいね！

キーワード▶ 溶食
雨水や地下水によって岩が溶けて侵食される現象。石灰岩が広がるところではカルスト地形ができます。

山口県／秋吉台・秋芳洞

石灰岩はセメントの原料

秋吉台の西側には、秋芳鉱山があります。石灰石はセメントの原料となるため、1965年から鉱産資源として採掘され、戦後日本の経済成長を支えました。

2月の風物詩、「山焼き」

秋吉台は倒木などで石灰岩がこわれるのを防止したり、草原の生態系を守るため、毎年2月に「山焼き」をし、草原が森林にならないように管理されています。

秋吉台の山焼きは、約1138ヘクタールのカルスト台地を包む、日本最大規模の山焼きです。

世界のいろいろなカルスト

雨水にとける性質がある石灰岩。その姿はさまざまで、世界にはいろいろなカルスト地形があります。

カルストの一種である「ブルーホール」は、鍾乳洞がなんらかの理由で水没してできた海中の洞窟です。カリブ海に面する南米のベリーズには、直径が300メートルを超える巨大なブルーホールがあります。

タワーカルストは、雨水や河川などの侵食によって石灰岩が塔状にむき出しになった地形です。秋吉台の石柱もこの一種ですが、中国・桂林の巨大なタワーカルストは30メートルを超えるものが立ちます。

調べてみよう▶ カルストとは、もとはどの国の地名かな？

変な地形 11 熊本県

直径25キロ！ドーナツ型の街

阿蘇カルデラ

ここが変！

- わあ！ 巨大火山をかこむように街がひろがっている！
- それに、町の外側は、壁のように四方を山に囲まれているね。
- こんな形になるなんて、なにが起こったんだろう！？

熊本県／阿蘇カルデラ

巨大火山と、山々に囲まれた街

熊本県の阿蘇地域は、中央に火山があり、その周りを円で囲むように平地が広がっています。そして、その外側はぐるりと高い山々に囲まれています。

火山活動によって生まれたこのような窪地を「カルデラ」と言います。阿蘇山は世界最大級のカルデラ型活火山です。その大きさは、南北25キロ、東西17キロ。

阿蘇山の麓では約5万人が生活し、田畑や住宅、道路や鉄道がとおり、阿蘇市・高森町・南阿蘇村の3つの自治体があります。

● 熊本県阿蘇市

カルデラ内にある米塚とよばれるスコリア丘。高さ80メートルほどあり、小規模な噴火でできた地形です。

阿蘇カルデラのイラスト。町全体が大きな壁に囲まれているよう。

この地形は、9万年前に起こった大噴火によって生まれました。このときの噴火による火砕流（※）は南部をのぞく九州全域をおおいました。火山灰は日本列島全体に降り注ぎ、遠くは北海道でも15センチ積もったところがあります。

※火砕流＝岩石をふくむ熱風が地表に沿って高速で流れる現象です。

こうやってできた！

1 山の周囲に小規模の噴火が起こります。

2 大量のマグマや火山灰がとびだします。

3 地中のマグマが流れ出たことで地面が陥没します。（カルデラ形成）

断面からみると、地下のマグマ溜まりに空洞ができ、それが押しつぶされてくぼみができます。

4

ふたたび中心部で噴火がおこり、火山が形成されます。（中央火口丘）

へ〜！ とてつもなく大きな噴火だったんだね！

キーワード▶ カルデラ
火山活動によって火山にできたへこんだ場所。火口よりも大きい。鍋という意味のスペイン語に由来します。

熊本県／阿蘇カルデラ

神話にでてくる阿蘇の神さま

阿蘇神社にまつわる神話では、健磐龍命という阿蘇を開拓した神様がでてきます。この神は、湖になっていたカルデラに人が住めるように、山を蹴破って水を抜いた、と言い伝えられています。実際に阿蘇は9000年前まで湖（カルデラ湖）で、伝承が本当だったことがわかっています。

神様が山を蹴破ったとされる場所には断層（地中の岩の割れ目）があり、この断層がずれたことで、山に裂け目ができました。

阿蘇神社。阿蘇を治めていた豪族（地域の有力な一族）だった阿蘇氏の子孫が、いまも宮司をつとめています。

阿蘇に続く、放牧の伝統

阿蘇には広大な牧草地がひろがります。火山灰で土地がやせているため、昔から農業よりも放牧がさかんです。平安時代中ごろに書かれた『延喜式』という書物に、「二重の峠付近に牧場あり」と書かれていて、このころから放牧がされていたことがうかがえます。

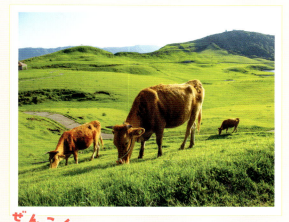

全国のいろいろなカルデラ

大規模で活動的なカルデラは日本に10ヵ所以上あり、北海道や九州に集中しています。

北海道東部の屈斜路湖。国内最大のカルデラ湖。

神奈川県の箱根カルデラ。芦ノ湖もカルデラにできた湖です。

調べてみよう▶ 世界一大きなカルデラはどこの国にあるのかな？

変な地形 12 宮崎県
海辺に続くお〜きな洗濯板！

鬼の洗濯岩

ここが変！

- 岩が階段みたいになってる！だれかが作ったみたい！
- 岩の表面はお皿みたいになっているね。ふしぎ！
- なぜこんな形になったの？ 海が関係しているのかな？

宮崎県／鬼の洗濯岩

鬼がつかう洗濯板のような不思議な光景

宮崎市南部の青島付近から日南市にかけて、海沿いに「鬼の洗濯岩」とよばれる国の天然記念物に指定された奇岩があります。洗濯機がない時代に衣服を手洗いしていた「洗濯板」のような形をしているため、この名前がつきました。

「鬼の洗濯岩」は海岸の浅瀬を約8キロにわたって階段のようなだんだんの岩が続き、潮が引くと沖合100メートルにまでその姿をあらわします。特別天然記念物に指定された亜熱帯性植物が生い茂る青島とともに、観光地の名勝になっています。

宮崎県宮崎市

海岸線に長く続く「鬼の洗濯岩」。まるで人が作ったよう。

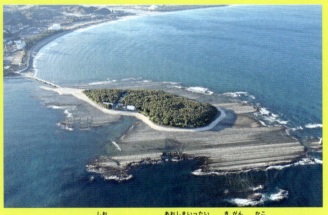
潮がひくと、青島一帯が奇岩に囲まれます。

約700万年前、海の中に砂岩と泥岩が交互につもりました。この地層が長い年月のあいだに傾きながら上がり、海面の上にあらわれたことで波にけずられるようになりました（侵食）。そのとき、やわらかい泥岩が多くけずられたことで、ギザギザの洗濯板のようになったのです。

砂岩

泥岩

こうやってできた！

1 陸から土砂が運ばれ、海のなかに積もっていきました。このとき、周期的に洪水が起こったため、砂と泥が交互に積もりました。

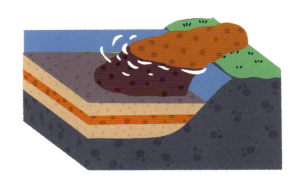

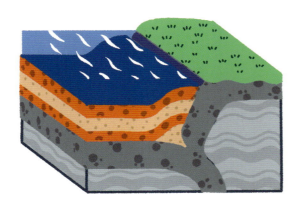

2 積もった砂と泥は岩になり、やがて隆起して海岸になりました。

3 海岸の波打ち際で、波に洗われることで、岩がけずられます。このとき、軟らかい泥岩が多くけずられ、砂岩が残り、ぎざぎざになります。

隆起と波のはたらきでできているんだね。

キーワード▶ 侵食
水や風などにより岩石や地層がけずられること。

52　宮崎県／鬼の洗濯岩

元祖・浦島太郎伝説が残る青島神社

青島には平安時代から続くとされる青島神社があります。青島神社に祀られる彦火火出見尊は、「山幸海幸神話」の主人公・山幸彦です。兄・海幸彦の釣り針をなくした山幸彦が海の国まで釣り針を探しに行き、そこで結婚相手をみつけて帰り、海幸彦をやっつけるお話です。この神話は、大和政権と九州の豪族との戦いを神話化したものだと考えられています。また、浦島太郎伝説の起源として知られています。

古代から海の神を祀り、江戸時代までは禁足地だった青島神社。山幸彦が海の国で妻・豊玉姫と出会ったことに由来し、縁結びの神社とされています。

まるで南の国！ 亜熱帯植物の島

青島全体は、亜熱帯性植物でおおいつくされ、さながら南国のよう。ヤシ科のビロウは約5000本あり、最高樹齢は約350年と推定されています。260万年前の亜熱帯だったころに繁茂した植物が、温暖な青島にそのまま残ったため、日本にはめずらしい亜熱帯性植物の原生林ができていると考えられています。

全国のいろいろな 波食棚

「鬼の洗濯岩」のように、波にあらわれてけずられた海岸の岩の層を「波食棚」と呼びます。波食棚は各地にあり、観光地になっています。

島根県・「千酌の波食棚」。クジラの歯や骨の化石などもでてきます。

青森県・千畳敷海岸。ごつごつした奇岩が並んでいます。

調べてみよう▶ 波がけずってできる地形にはほかに何があるかな？

さくいん

あ行

青島（あおしま）	51、53
悪城の壁（あくしろ かべ）	25
英虞湾（あごわん）	19
浅間山（あさまやま）	29
阿蘇神社（あそじんじゃ）	49
安山岩（あんざんがん）	30、36
池のくるみ踊場湿原（いけ おどりば しつげん）	23
伊豆大島（いずおおしま）	31
鵜ノ巣断崖（う す だんがい）	17
雨竜沼湿原（うりゅうぬましつげん）	23
大浪池（おおなみのいけ）	11
オホーツク海（かい）	5

か行

海岸段丘（かいがんだんきゅう）	17
海食崖（かいしょくがい）	18
塊状溶岩（かいじょうようがん）	30
花崗岩（かこうがん）	36
火口湖（かこうこ）	10、11
火砕流（かさいりゅう）	31、47
火山岩（かざんがん）	36
火山灰（かざんばい）	9、31
火山フロント（かざん）	10
火成岩（かせいがん）	36

潟沼（かたぬま）	13
カルスト	43、44
カルデラ	13、47、48、49
間欠泉（かんけつせん）	15
きのこ岩（いわ）	35
凝灰岩（ぎょうかいがん）	33、34、35、36
屈斜路湖（くっしゃろこ）	48
結晶質石灰岩（けっしょうしつせっかいがん）	36
玄武岩（げんぶがん）	36、39、40
碁石海岸（ごいしかいがん）	17
高層湿原（こうそうしつげん）	22
五色湖（ごしきこ）	9

さ行

材木岩（ざいもくいわ）	41
蔵王連峰（ざおうれんぽう）	9
砂岩（さがん）	36、51
砂嘴（さし）	5、7
サンゴ礁（しょう）	44
地獄谷（じごくだに）	27
磁鉄鉱（じてっこう）	41
樹氷（じゅひょう）	9
鍾乳洞（しょうにゅうどう）	43
白糸の滝（しらいと たき）	27
侵食（しんしょく）	5、18、25、26、33、35、51、52
深成岩（しんせいがん）	36
潟湖（せきこ）	6

石灰岩	36、43		吹割の滝	27
千畳敷海岸	53		ブルーホール	45
閃緑岩	36		変成岩	36
			片麻岩	36
た行			仏ヶ浦	35
堆積岩	36			
タフォニ	33、34		**ま行**	
タワーカルスト	45		みくりが池	27
池塘	21		三保の松原	7
チャート	36		室戸岬	17
中央火口丘	48			
柱状節理	39、41		**や行**	
泥岩	36、51		山田湾	19
泥炭	22		湯釜	11
			溶岩樹型	29
な行			溶岩流	31
七ツ釜	41		溶結凝灰岩	25
鳴子温泉	13、15		溶食	44
は行			**ら行**	
爆裂火口	13		ラグーン	6
ハザードマップ	31		ラムサール条約	7、23
波食棚	18、53		リアス海岸	17、19
ハンノキ滝	25		隆起	18
斑れい岩	36		流氷	5
東日本大震災	19		流紋岩	36
V字谷	25、26			

監修者

松本 穂高（まつもと　ほたか）

茨城県立竹園高等学校教諭。1973年生まれ。信州大学、北海道大学大学院で地理学を専攻。スウェーデン王立科学アカデミー奨学生として海外で研鑽を積む。博士（環境科学）。文部科学省事業協力者、日本学術会議委員、日本地理学会委員、茨城大学非常勤講師などを現任・歴任。地理普及の功績により、2018年度日本地理学会賞受賞。国内外でフィールドワークを行うとともに、筑波山地域ジオパーク認定ガイドとして活動する。主な著書に『歩いてわかった 地球のなぜ!?』（山川出版社、2017年）、『地理が解き明かす地球の風景』（ベレ出版、2019年）、『旅がもっと面白くなる地理の教科書』（ベレ出版、2020年）、『なぜ、その地形は生まれたのか？　自然地理で読み解く日本列島80の不思議』（日本実業出版社、2022年）など。

執　筆 ■ 本堂やよい
イラスト ■ miyujin、myusya
写真協力（順不同、敬称略）■ 別海町郷土資料館、公益財団法人尾瀬保護財団、伊勢志摩観光コンベンション機構、コーベットフォトエージェンシー、雨竜町、別海町、株式会社北海道ネイチャーセンター、NASA、Jパワー、PIXTA、ACフォト

【おもな参考文献】

「日本の地形・地質—見てみたい大地の風景116」斎藤 眞、下司 信夫 、渡辺 真人、北中 康文（文一総合出版）

「ジオパークを楽しむ本—日本列島ジオサイト地質百選」一般社団法人全国地質調査業協会連合会・特定非営利活動法人 地質情報整備活用機構・ジオ多様性研究会（オーム社）

「地質と地形で見る日本のジオサイト—傾斜量図がひらく世界」脇田 浩二、井上 誠（オーム社）

「尾瀬奇跡の大自然」大山昌克（世界文化社）

「みる！しる！わかる！三陸再発見　開館四十周年記念普及解説書」岩手県立博物館　岩手県文化振興事業団

「われらのひかり—立山・称名滝」立山称名滝総合学術調査団 / 富山県中学校教育研究協議会社会科部会（富山新聞社）

どうやってできたの？　日本の変な地形

2024年12月1日　第1版第1刷発行　　　　　　　　　　　　　　　　NDC450

監　修—松本 穂高
発行者—竹村 正治
発行所—株式会社かもがわ出版
　　　　〒602-8119　京都市上京区出水通堀川西入亀屋町321
　　　　営業　TEL：075-432-2868　FAX：075-432-2869
　　　　振替　01010-5-12436
　　　　編集　TEL：075-432-2934　FAX：075-417-2114

印刷所—シナノ書籍印刷株式会社

©Kamogawa Syuppan 2024　　　　　　　　　　　　　　　　　　　　26cm
Printed in Japan　　　　　　　　　　ISBN　978-4-7803-1348-2　C8044